KB244430

레이먼 킴 심플 쿠킹 4. 감자와 토마토

초판 1쇄 인쇄 2017년 7월 21일 초판 1쇄 발행 2017년 7월 31일

지은이 레이먼 킴
펴낸이 연준혁

출판1본부 이사 김은주
출판1분사 분사장 한수미
책임편집 최연진
디자인 강경신

사진 심윤석 그리고 정민영, 방성혁, 이해리(스튜디오 심)
푸드 스타일링 김은아(차리다 스튜디오)

펴낸곳 (주)위즈덤하우스 미디어그룹 출판등록 2000년 5월 23일 제13-1071호
주소 경기도 고양시 일산동구 정발산로 43-20 센트럴프라자 6층
전화 031)936-4000 팩스 031)903-3893 홈페이지 www.wisdomhouse.co.kr

값 9,900원
©레이먼 킴, 2017
ISBN 978-89-98010-65-2 14590
ISBN 978-89-98010-66-9 (세트)

• 잘못된 책은 바꿔드립니다.
• 이 책의 전부 또는 일부 내용을 재사용하려면 반드시 사전에
  저작권자와 ㈜위즈덤하우스 미디어그룹의 동의를 받아야 합니다.

• 이 도서의 국립중앙도서관 출판예정도서목록(CIP)은 서지정보유통지원시스템 홈페이지(http://seoji.nl.go.kr)와
  국가자료공동목록시스템(http://www.nl.go.kr/kolisnet)에서 이용하실 수 있습니다.(CIP제어번호: CIP2017017042)

위즈덤스타일

RAYMON KIM SIMPLE COOKING POTATO & TOMATO

레이먼 킴 심플 쿠킹 4. 감자와 토마토

레이먼 킴 지음

9 788998 010652

06541

이 책이
당신의 냄비 받침으로
쓰이길 바란다

셰프의 레시피란, 함께 일하는 동료들에게는 설명서이자 교과서이며 언제나 그 맛과 양과 질을 지키겠다는 손님과의 약속이므로 레스토랑의 정체성이기도 하다. 그만큼 레시피에는 책임감이 따른다.

열다섯이 되던 해 캐나다로 이민을 가 직업으로 요리사 생활을 시작했던 때가 스물한 살이다. 고된 노동을 마치고 집에 오면 아무리 늦은 시간에라도 그날 배운 새로운 요리법이나 만들어보았던 요리들을 정리하고, 그림을 그리고 색을 칠해가며 레시피를 만들던 시간이 있었다. 돌이켜보면 그 레시피들은 정말 한심한 수준의 것들이 대부분이다. 하지만 요리에 특출한 재주가 없던 어린 동양인 요리사 지망생이 셰프가 되리라는 미래를 상상하며 할 수 있었던 유일하고도 즐거운 돌파구였고, 지금 내 레스토랑에서 실제로 쓰이는 프로페셔널한 레시피들의 기초가 되었다. 지금의 나를 만들어준 시간이 고스란히 담긴 더없이 귀중한 자료이다.

이 책은 태어나서 요리사로서 만드는 첫 요리책인 만큼 의미 있는 작업이다. 작업을 시작하며 이런저런 구상을 하고 회의를 하는 동안 무게감 있는 에세이나 화보 같은 멋진 사진들을 넣을까 진지하게 고민하기도 했다. 레시피를 몇 번이나 수정하고 다시 요리를 만들어보면서 '이건 너무 쉬운 것 아닌가? 대단한 레시피가 아니라서 실망하는 것은 아닐까?'라는 생각을 했던 것도 사실이다.

하지만 결국, 셰프로서의 중압감과 책임감은 내가 몸담고 있는 레스토랑의 주방 속에 넣어두고, 그저 직업이 요리사인 사람으로서 누군가 간단히 해 먹을 수 있는 음식을 물어본다면 그 누구에게라도 편하게 설명할 수 있는 레시피만을 적기로 했다. 그게 요리하는 즐거움이 아닌가. 물론 이 책의 몇 가지는 어려울 수 있으리라 예상하고 있다. 그래도 내게 특별한 레시피인 만큼 꼭 소개하고 싶었다.

그러므로 당신과 함께 만들 이 레시피들은 일반 가정에서 누구나 쉽게 요리할 수 있도록 복잡한 기구의 사용이나, 구하기 힘든 재료들, 전문가나 할 수 있을 듯한 조리법은 제외했다. 그 시절의 친구들을 위해 만들었던 요리들과, 함께 일하던 동료들과의 한 끼 식사, 이민자들의 사회인 캐나다에서 배운 가정식을 한국 실정에 맞게 적어보았다.

첫 요리책을 내는 바람이 있다면 당신이 고른 이 책이 요리가 필요할 때 한두 번 보고 이내 책장에 꽂혀 그대로 자리 잡지 않았으면 한다. 주방 한구석에 계속 머물면서 일주일에 한두 번은 펼쳐지고 사용되고 읽혀져 낡고 색이 바랠 만큼 당신의 주방에서 떠나지 않는 책이었으면 한다. 그래서 이 책이 냄비 받침 대신 쓰이기를 바란다.

당신에게 꼭 필요한 레시피 다섯 가지 정도는 이 책에서 찾을 수 있기를 간절히 바라며 언제나 "잘 먹고, 잘 사는(Eat Well, Live Well)" 라이프스타일을 이루길 바라고 바라고 바란다.

『감자와 토마토』를 펴내며

요리사로 생활한 시간이 그리 짧지는 않지만 솔직하게 이야기하자면 아직도 감자나 토마토를 비롯해 채소 요리를 하려고 하면 부담감이 밀려온다. 채소 요리는 잘해야 본전, 더 잘해도 가니쉬 취급을 받기 일쑤, 게다가 못하면 바로 티가 나는 재료인데다가 어느 정도 남겨도 사람들이 쉽게 용납한다.

그러나 당신이 이런저런 이유로 감자나 토마토 요리를 하지 않거나, 못한다면 당신의 식탁 위에는 탐스러운 붉은색과 비타민이 모두 사라질 것이고, "이런 재료로 이런 요리가 나오나?"라는 찬사는 평생 듣지 못할 것이다. 이 책의 레시피들은 밑져도 본전 이상이 될 것이고, 고기나 해산물을 채소 요리의 가니쉬로 만들지도 모른다. 당신이 이 책을 보고 나서 고기나 해산물을 준비하지 않고도 주저 없이 주말에 손님을 초대할 수 있다면 좋겠다.

예전에 함께 일했던 셰프가 이런 이야기를 한 적이 있다. 레스토랑에서 고기와 생선을 잘 다룬다면 돈을 많이 받을 수 있는 셰프가 될 것이고, 채소를 잘 다룬다면 사랑받는 사람이 될 것이라고. 그때는 잘 몰랐던 이야기였는데 결혼을 하고 아이를 키우다 보니 알겠다. 아이가 채소를 맛있게 먹는 순간을 본다는 건 그리 흔하지 않은 일이기 때문에……!

전체 계량(중요 품목)

1컵　=　250ml

버터 1컵　=　227g

중력분 1컵　=　128g

강력분 1컵　=　136g

백설탕 1컵　=　201g

흑설탕 1컵　=　220g

꿀, 메이플 시럽 1컵　=　340g

1큰술　=　15ml

1작은술　=　5ml

양파 1개　=　약 200g

당근 1개　=　약 150g

파프리카 1개　=　약 180g

감자 1개　=　약 200g

셀러리 1대　=　약 25cm(잎 제외)

다진 마늘 1큰술　=　마늘 3알

01
POTATO
: 10RECIPES

MICROWAVE POTATOES

POTATO LEEK SOUP

MICROWAVE POTATO CHIPS

SWEET POTATO & KALE COLCANNON

WARM POTATO SALAD WITH MUSTARD BEER DRESSING

<MASHED POTATOES> MASHED POTATOES

02
TOMATO
: 8RECIPES

POTATO & PARMESAN CROQUETTES

POTATO SCONES(SLIM BREAD)

PIEROGI

CRISP POTATO PANCAKES

BASIC TOMATO SAUCE

GAZPACHO

03
TASTY VEGETABLES
: 16RECIPES

FRESH TOMATO SPAGHETTI

PICO DEL GALLO

MARRAKESH PIZZA

SUPER SIMPLE AVOCADO & TOMATO SALAD

TOMATO & BARLEY SOUP

OKRA WITH TOMATO CURRY

VEGETABLE STOCK

CORN MEAL ONION RING BATTER

BUTTER MILK BETTER ONION RINGS

BASIL PESTO(GENOVESE)

HUMMUS

FALAFEL

SHAKSHUKA WITH RAGU

FRIED EGGPLANT

EGGPLANT THAI STIR FRY

EGGPLANT RAGOUT

DEEP-FRIED APPLE RINGS

CUCUMBER & RED ONION SALAD

PICKLED SHIITAKE

PICKLED DILL CARROTS

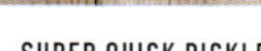

04
SALAD DRESSINGS
: 6RECIPES

PICKLED GRAPES

SUPER QUICK PICKLES

ITALIAN ZEST DRESSING

SPINACH DRESSING

FRENCH DRESSING

LIME DRESSING

GREEK DRESSING

GREEK SALAD

| 프롤로그 | 이 책이 당신의 냄비 받침으로 쓰이길 바란다　4

『감자와 토마토』를 펴내며　5

전체 계량(중요 품목)　7

01 POTATO : 10RECIPE

감자

전자레인지 감자 가니쉬　12

감자 대파 수프　14

전자레인지 감자칩　16

고구마와 케일로 만든 콜캐논　18

머스터드 맥주 드레싱을 곁들인 감자 샐러드　20

〈매시드 포테이토를 활용한 요리들〉

매시드 포테이토　22

감자 파르메산 치즈 크로켓　24

감자 스콘　26

폴란드식 만두　28

바삭한 감자 팬케이크　30

02 TOMATO : 8RECIPES

토마토

기본 토마토소스　34

토마토 냉수프, 가스파초　36

생토마토 스파게티　38

멕시칸 살사　40

마라케시 피자　42

초간단 아보카도 토마토 샐러드　44

토마토 보리 수프　46

오크라를 곁들인 토마토 커리　48

03 TASTY VEGETABLES : 16RECIPES

맛있는 채소

채소 육수　52

콘밀 양파튀김　54

버터 밀크 양파튀김　56

바질 페스토　58

중동의 맛, 후무스　60

할랄의 맛, 파라펠　62

샥슈카 라구　64

가지튀김　66

태국식 가지 볶음　68

가지 스튜　70

사과튀김　72

오이 적양파 샐러드　74

표고 피클　76

당근 피클　78

포도 피클　80

초간단 오이 피클　82

04 SALAD DRESSINGS : 6RECIPES

샐러드 드레싱

이탈리안 제스트 드레싱　86

시금치 드레싱　88

프렌치 드레싱　90

라임 드레싱　92

그릭 드레싱　94

그릭 샐러드　96

감자

01_POTATO

10RECIPE

Microwave Potatoes

Potato Leek Soup

Microwave Potato Chips

Sweet Potato & Kale Colcannon

Warm Potato Salad with Mustard Beer Dressing

MASHED POTATOES

Mashed Potatoes

Potato & Parmesan Croquettes

Potato Scones(Slim Bread)

Pierogi

Crisp Potato Pancakes

MICROWAVE POTATOES

전자레인지 감자 가니쉬

어느 날 집으로 친구를 부르고 스테이크를 굽기 바로 전에 알았다. 가니쉬(음식을 돋보이게 하기 위해 곁들이는 것)를 안 했구나. 그래서 전자레인지로 뚝딱 만든 가니쉬였다. 스테이크를 굽는데 15분, 레스팅에 5분, 그 사이에 만든 가니쉬를 내 친구는 1시간 정도 걸려 만든 줄 알고 감동해 맛있게도 먹고 갔다.

4인분 · 20분

재료　알감자 500g, 마늘 2알, 버터 2큰술, 로즈마리(건) 1작은술
　　　　오레가노(건) 1작은술, 타임(건) 1/2작은술, 소금 약간, 후추 약간, 쪽파 1대

만드는 법

01｜마늘을 으깨서 버터와 함께 전자레인지에 들어갈 수 있는 큰 용기에 담아둔다.

02｜40초 정도 전자레인지에 돌려서 버터를 녹이고 마늘을 익힌다.

03｜버터에 허브들과 소금, 후추를 넣고 잘 섞어 허브버터를 만들어둔다.

04｜알감자를 반으로 잘라서 허브버터에 잘 섞은 뒤 뚜껑을 덮어서 전자레인지에서 15분 정도 익히고 덜 익었으면 다시 3분 정도 더 익힌다.

05｜쪽파를 잘게 잘라서 뿌려준다.

POTATO LEEK SOUP

감자 대파 수프

어린 요리사였던 시절, 셰프가 딱 한 가지 메뉴는 나와 동료들이 결정할 수 있도록 해줬다.
그래서 일요일 오후면 동료들과 둘러앉아 다음 날 사용할 수프를 구상했다. 그중에 겨울이
면 더 맛있는 대파와 감자로 거의 한 달 내내 만들어도 셰프에게 혼나지 않던 수프

4인분 · 40분

재료　감자 3개, 대파(흰 부분) 3컵, 셀러리 1대, 당근 1/2개, 올리브유 1큰술
　　　　버터 1큰술, 물 4컵, 마졸람(건) 약간, 타임(건) 약간, 바질(건) 약간
　　　　우유 1컵, 생크림 1/2컵, 소금 약간, 후추 약간

만드는 법

01 ｜ 감자는 껍질을 벗기고 가로세로 3cm 크기로 잘라둔다.

02 ｜ 대파는 흰 부분만 잘게 다져서 준비하고 셀러리와 당근은 가로세로 1cm 크기로 잘라
둔다.

03 ｜ 수프를 끓일 냄비에 약한 불로 올리브유와 버터를 넣어 녹이고 대파, 셀러리, 당근을
넣고 3분 정도 볶는다.

04 ｜ 냄비에 물과 소금을 넣고 감자를 넣은 뒤 15~20분 감자가 익을 때까지 끓이면서 허브
들을 모두 넣는다.

05 ｜ 수프를 식혀서 믹서나 핸드 블렌더로 완전히 갈아준다.

06 ｜ 냄비로 다시 옮기고 우유와 생크림을 넣어서 한 번 더 끓이다가 소금과 후추로 간을
한다.

MICROWAVE POTATO CHIPS

전자레인지 감자칩

캐나다에서 내가 살던 곳은 눈이 내리면 문밖으로 100m도 걸어가기 힘든 곳이었다. 그럴
때 맥주가 생각나면 감자칩을 사러 나가기보다 10분 안팎이면 뚝딱 만들어 먹었던 감자칩

───────────── **4인분 · 15분** ─────────────

재료　　감자 3개, 카놀라유 4큰술, 소금 약간

곁들이기　　후추 약간, 케이얀 페퍼 약간, 타임(건) 약간

───────────── **만드는 법** ─────────────

01｜ 감자를 잘 씻어서 껍질을 벗기지 않은 채로 물기를 완전히 제거해서 채칼로 아주 얇게
　　썬다.

02｜ 플라스틱 백에 카놀라유를 넣고 채 썬 감자를 넣은 뒤 조물조물 마사지하듯 버무린 다
　　음 꺼내서 전자레인지에 들어갈 수 있는 그릇에 한 겹 깔고 3~4분 노릇노릇한 색이 돌
　　도록 익힌다.

03｜ 꺼내서 소금으로 간을 하고 기호에 따라 후추, 케이얀 페퍼, 타임 등을 뿌린다.

SWEET POTATO & KALE COLCANNON

고구마와 케일로 만든 콜캐논

콜캐논은 감자와 채소(양배추 등)로 만드는 아일랜드 전통 음식이다. 할아버지가 아일랜드
사람인 것을 티를 내듯 고집이 무척 세던 7년 동료가 있었다. 그가 매년 3월이면 꼭 해주던
‘세인트 패트릭 데이(아일랜드 전통 축제)’ 음식. 음식에는 각 나라의 문화가 녹아 있다.

―――――――――― **4인분 · 50분** ――――――――――

재료　고구마 600g, 케일 혹은 시금치 200g, 베이컨 4장, 마늘 1개, 버터 3큰술
　　　　소금 약간, 후추 약간

―――――――――― **만드는 법** ――――――――――

01ㅣ 고구마의 껍질을 벗기고 엄지손톱보다 조금 크게 잘라둔다.

02ㅣ 케일이나 시금치는 잘 씻어서 잎사귀 부분을 듬성듬성 잘라 준비한다.

03ㅣ 팬에 엄지손톱 크기로 자른 베이컨을 바삭하게 구운 뒤 기름을 빼주고, 베이컨 기름은
　　 1큰술 정도 모아둔다.

04ㅣ 소금을 1작은술 정도 물에 넣고 끓여서 자른 고구마를 삶아 익힌 뒤에 꺼내서 뜨거운
　　 상태로 다진 마늘과 케일(시금치)을 함께 섞는다. 이때 베이컨 기름을 조금씩 넣으면서
　　 마구 눌러 고구마를 으깬다.

05ㅣ 팬에 버터 2큰술을 넣고 녹인 뒤에 고구마 으깬 것을 넣고 5분 정도 섞으면서 소금과
　　 후추로 간을 하고 나머지 버터 1큰술을 넣어 마무리한다.

―――――――――― **TIP** ――――――――――

• 케일이 없거나 싫으면 시금치를 넣어도 좋지만 시금치는 한 번 따로 볶아서 고구마를 으깰 때 넣어 섞
어야 물이 생기지 않는다.

WARM POTATO SALAD
WITH MUSTARD BEER DRESSING

머스터드 맥주 드레싱을 곁들인 감자 샐러드

나는 맥주 마시는 것은 별로 안 좋아하지만 맥주를 음식에 섞는 것은 좋아한다. 왜냐하면 맥주로 조리한 끝에 남는 알싸한 고소함이 좋기 때문이다. 그래서 요리 재료로 사용하기를 즐긴다.

―――――――――――――――― **4인분 · 1시간** ――――――――――――――――

재료　알감자 700g, 다진 파슬리(생) 3큰술, 적양파 1/2개, 쪽파 3대, 셀러리 1/2대
　　　　피클(새콤한 맛 단맛 모두 가능) 3큰술, 맥주 1큰술, 애플사이다 식초 1 1/2큰술

드레싱 재료　퓨어 올리브유 1/4컵, 흰 양파 1개, 맥주 3/4컵, 애플사이다 식초 1/4컵
　　　　　　디종 머스터드 2큰술, 설탕 2작은술, 소금 약간, 후추 약간

―――――――――――――――――― **만드는 법** ――――――――――――――――――

01│ 알감자는 껍질을 벗기지 않고 통으로 소금을 약간 넣고 25분 정도 삶아 건져서 식힌 뒤에 5등분 정도로 자른다.

02│ 다진 파슬리 2큰술과 잘게 잘라 준비한 적양파, 쪽파, 셀러리, 피클을 감자, 맥주, 애플사이다 식초와 함께 잘 버무린다.

03│ 소스 팬에 퓨어 올리브유 2큰술을 넣고 흰 양파를 다져서 중간 불에서 4분 정도 익힌 뒤에 맥주 3/4컵을 붓고 한소끔 끓인 다음 애플사이다 식초, 디종 머스터드, 설탕을 넣어서 국물이 절반쯤 되도록 졸여 드레싱 베이스를 만든다.

04│ 믹서나 푸드 프로세서에 식힌 드레싱 베이스를 넣고 나머지 올리브유를 아주 천천히 넣어가면서 잘 섞은 뒤 소금과 후추로 간을 해서 드레싱을 완성한다.

05│ 재료와 잘 버무려둔 감자에 드레싱을 아주 천천히 섞어서 완성한 뒤 나머지 파슬리를 1큰술을 뿌린다.

매시드 포테이토

축하합니다. 여러분은 이제 감자를 가지고 할 수 있는 40가지 이상의 레시피를 알게 된 겁니다. (*참고 : 1권『고기와 버터』편의 매시드 포테이토와 또 다른 레시피로, 서로 비교해서 맛을 봐도 재미있을 것!)

───────────────────── **4인분 · 40분** ─────────────────────

재료　감자 12개, 닭 육수(2권『닭과 달걀』54쪽 참조) 2L 이상, 버터 1/2컵, 우유 1/2컵
　　　　생크림 1/3컵, 소금 약간

곁들이기　달걀 1개, 후추 약간, 사워크림 1/4컵

───────────────────── **만드는 법** ─────────────────────

01│ 껍질을 깐 감자를 자르지 말고 냄비에 넣어 닭 육수 2L를 감자가 잠기도록 채운 뒤 30분 정도 감자가 익도록 끓여준다.

02│ 감자를 꺼내서 볼에 넣어 으깨고 버터, 우유, 생크림, 달걀을 넣고 섞은 뒤에 체에 받쳐 으깨거나 푸드밀(Food Mill, 감자나 채소 등을 으깨는 기계)에 넣고 한 번 더 으깨서 입자를 최대한 곱게 만든다.

03│ 소금으로 간을 하고 원한다면 후추와 사워크림을 넣는다.

───────────────────── **TIP** ─────────────────────

• 감자를 잘게 자르면 빠르게 익지만 전분기가 더 많이 빠져나와서 퍽퍽함이 늘어난다.

• 달걀은 기호에 따라서 넣지 않아도 상관없지만 달걀을 빼면 버터를 1큰술 정도 더 넣는다.

• 감자를 으깰 때 수분이 모자란다면 감자 삶은 물을 조금 모아놨다가 사용한다.

• 버터나 생크림의 칼로리가 걱정된다면 닭이나 채소 육수를 따로 끓여놨다가 사용하면 된다. 하지만 그렇다면 당신은 겁쟁이.

MASHED POTATOES

POTATO & PARMESAN CROQUETTES

감자 파르메산 치즈 크로켓

레스토랑을 하다 보면 그날 분량의 매시드 포테이토를 남기는 날이 있다. 그럴 때면 항상
이걸 만들어서 주방만큼 힘들었을 홀 직원들 퇴근길에 쥐어주곤 했다.

4인분 · 20분

재료　매시드 포테이토 2컵, 양파 2큰술, 달걀 3개, 파르메산 치즈(분쇄) 1/2컵
　　　　파슬리 약간, 밀가루(중력분) 약간, 빵가루 1컵, 소금 약간, 후추 약간
　　　　카놀라유 약간

만드는 법

01｜ 매시드 포테이토와 다진 양파, 달걀 1개, 파르메산 치즈, 파슬리를 잘 섞은 뒤에 소금
　　 과 후추를 약간 넣는다.

02｜ 둥글게 원하는 크기로 모양을 잡고 냉동실에 넣어 10분 정도만 굳힌다.

03｜ 달걀 2개를 풀어서 준비하고 냉동실에서 꺼낸 패티를 밀가루, 달걀물, 빵가루 순으로
　　 묻혀서 준비한다.

04｜ 팬에 기름을 적당히 넣고 튀기듯이 굽는다.

POTATO SCONES(SLIM BREAD)

감자 스콘

아일랜드에서는 '슬림 브레드'라고 불리는 이 감자 스콘은 매시드 포테이토가 있다면 딱 10분, 손이 빠르다면 5분!

4인분 12개 · 10분

재료 매시드 포테이토 2컵, 버터 또는 베이컨 구운 기름 3큰술, 밀가루(중력분) 2/3컵
소금 약간, 후추 약간, 사워크림 약간, 쪽파 약간

곁들이기 버터 약간, 메이플 시럽 약간

만드는 법

01 매시드 포테이토를 전자레인지에 1분 정도 돌려 가열한 뒤 버터나 베이컨 구운 기름, 소금, 후추를 넣고 잘 섞는다.

02 밀가루를 넣고 잘 섞는다.

03 밀가루를 약간 뿌린 도마에서 원하는 두께로 둥글게 밀어준 뒤에 포크로 찔러서 공기 구멍을 낸다.

04 팬을 중간 불에 달군 뒤 밀가루를 살짝 뿌리고 ③을 기름 없이 7~8분 굽는다.

05 사워크림을 얹고 쪽파를 뿌려 마무리하거나, 기호에 따라 버터 혹은 메이플 시럽 등을 뿌려 먹는다.

TIP

• 만약 채식을 한다면 매시드 포테이토를 만들 때부터 버터나 크림 등의 유제품이나 닭 육수 대신 채소 육수, 마가린 등을 이용해서 매시드 포테이토를 만들어 사용하며, 재료 중 버터 대신 마가린이나 올리브유를 넣으면 된다.

PIEROGI

폴란드식 만두

동유럽 사람이 아니라면 한국에서는 찾아보기 힘든 일종의 만두이다. 함께 일하던 폴란드
동료와 만들어 먹을 때 정말 맛있어서 질리도록 해 먹었던 기억이 있다. 원래 치즈와 볶은
양파는 안 넣지만, 이 레시피대로 넣고 나면 절대 후회하지 않을 것이다.

30개 · 1시간

재료 밀가루(중력분) 2컵, 달걀 2개, 크림치즈 60g, 물 약간, 양파 1개
　　　 매시드 포테이토 1/2컵, 모차렐라 치즈 약간, 사워크림 약간
　　　 소금 약간, 후추 약간, 식용유 약간

만드는 법

01| 푸드 프로세서에 밀가루와 약간의 소금을 넣은 뒤에 한 번 섞어준다.

02| 달걀과 크림치즈를 푸드 프로세서에 추가로 넣고 밀가루와 잘 섞이도록 한다.

03| 푸드 프로세서에 미지근한 물을 아주 조금씩, 밀가루가 뭉쳐져 반죽이 될 만큼만 넣어
주며 만약 반죽에 물기가 많으면 밀가루를 조금 더 넣으면서 농도를 맞춘다.

04| 20분 정도 상온에서 숙성한 뒤 약 30조각으로 나누어 만두피를 만들듯이 민다.

05| 상온에서 반죽을 숙성하는 동안 양파를 잘게 잘라서 그중 1/2개 분량만 식용유를 아주
조금 두르고 소금을 넣은 뒤 약한 불에 20분 정도 볶아서 숨을 죽여놓는다.

06| 매시드 포테이토와 볶은 양파를 잘 섞고 모차렐라 치즈도 약간 섞은 뒤 소금과 후추로
간을 해서 만두의 소를 만든다.

07| 만두를 빚듯이 얇은 반죽에 소를 넣어 반달 형태로 만든 뒤, 소금물에서 10분 정도 삶
는다.

08| 삶아서 꺼낸 만두는 살짝 식히고 약한 불에서 나머지 양파 1/2개를 채 썰어 버터와 함
께 볶은 다음 사워크림을 곁들여 낸다.

TIP

• 폴란드식 만두인 '피에로기' 속에는 감자와 함께 원하는 무엇이든 넣어도 괜찮다.

CRISP POTATO PANCAKES

바삭한 감자 팬케이크

어린 요리사 시절, 빠듯한 지갑 사정과 부족한 시간 때문에 감자를 20kg 정도 사다 두고 한 동안 감자 요리만 해먹은 적이 있었다. 그래도 질리지 않았던 감자 요리 중에 지금도 가끔 해 먹는 음식이 바로 이 감자 팬케이크이다. 아침, 점심은 물론 맥주 한잔을 할 때도 든든한 안주였던 이 팬케이크를 꼭 소개하고 싶었다.

─────────────── **4인분 · 30분** ───────────────

재료　매시드 포테이토 2컵, 레몬즙 1큰술, 양파 1/4개, 파슬리(생) 1큰술
　　　　밀가루(강력분) 1큰술, 달걀 노른자 1개+α, 우유 1/2큰술
　　　　소금 약간, 후추 약간, 버터 4큰술

곁들이기　사워크림 약간

─────────────── **만드는 법** ───────────────

01」 큰 볼에 매시드 포테이토와 레몬즙을 넣고 잘 섞은 뒤에 곱게 다진 양파와 다진 파슬리, 밀가루, 달걀 노른자, 우유를 넣어 반죽을 만든다. 이때 반죽이 너무 뻑뻑하면 달걀 노른자를 반 개 정도 더 넣는다.

02」 ①에 소금과 후추로 간을 하고 상온에서 10분 정도 숙성한 뒤 납작한 모양으로 만든다.

03」 팬을 중간 불에 올린 뒤 버터를 넣고 감자 팬케이크 한 면당 3~4분 굽는다.

04」 기호에 따라 사워크림을 곁들여 먹는다.

토마토

02_TOMATO

8RECIPES

Basic Tomato Sauce
Gazpacho
Fresh Tomato Spaghetti
Pico del Gallo
Marrakesh Pizza
Super Simple Avocado & Tomato Salad
Tomato & Barley Soup
Okra With Tomato Curry

BASIC TOMATO SAUCE

기본 토마토소스

처음 토마토소스를 만들었던 날 나의 직속 선배가 그랬다. 이탈리아 요리의 반을 마스터한
기분이 어떠냐고.

———— 3L · 3시간 ————

재료 홀토마토(캔) 5600g, 양파 3개, 마늘 5알, 레드와인 1컵, 오레가노(건) 3큰술
타임(건) 2큰술, 파슬리(건) 2큰술, 월계수 잎 3장

———— 만드는 법 ————

01 커다란 냄비에 잘게 자른 양파와 다진 마늘을 볶다가 분량의 와인을 넣고 와인이 반으
로 줄 때까지 끓인다.

02 와인이 반으로 줄면 홀토마토 과육을 모두 손으로 눌러 곱게 터뜨려서 냄비에 붓고 허
브들을 넣은 뒤에 중간 불에서 2시간 30분 정도 끓여서 양을 2/3로 졸인다.

03 잠시 식힌 뒤에 핸드 블렌더로 갈고 차게 식혀서 냉장 보관하면 끝.

———— TIP ————

- 7일 이상 냉장 보관이 가능하다.
- 보다 진한 맛을 원하거나 피자 소스로 사용하려면 토마토 페이스트 100g 정도를 양파 볶을 때 함께 넣
  고, 3시간 정도 졸여서 농도를 진하게 한다.

GAZPACHO

토마토 냉수프, 가스파초

한여름의 콩국수처럼 즐겨 먹는 스페인의 보양 요리 가스파초에 탄산수를 넣어본다. 차가운 토마토 수프에 터져 오르는 탄산은 마치 색이 예쁜 샴페인 같다.

──────────── **2인분 · 1시간 30분** ────────────

재료　생토마토 주스 200ml, 토마토 4개, 오이 1개, 청양고추 1개, 마늘 1알, 쪽파 1대
　　　　민트 잎(생) 1큰술, 파슬리(생) 1큰술, 쉐리 식초(스페인 식초) 1큰술
　　　　엑스트라 버진 올리브유 2큰술, 마른 식빵 1 1/2쪽, 탄산수 1/2컵
　　　　소금 약간, 후추 약간

곁들이기　가니쉬(민트 잎 혹은 고수 잎, 올리브유 약간, 잘게 자른 오이와 토마토, 잘게 부순 페타
　　　　치즈)

──────────── **만드는 법** ────────────

01｜ 토마토를 갈아 만든 주스는 냉동실에 넣어서 살얼음이 뜰 정도로 만들어놓는다.

02｜ 토마토와 오이는 씨를 발라내고 껍질을 벗긴 뒤 가로세로 3~4cm 크기로 썰어둔다.

03｜ 청양고추는 반으로 갈라서 씨를 털어내고 잘게 다진다.

04｜ 마늘은 꼭지를 떼고 반으로 갈라서 소금을 뿌린 뒤에 칼로 다지고 밀어서 페이스트 상
　　 태를 만들어놓는다.

05｜ 큰 볼에 준비한 마늘과 다진 청양고추, 토마토, 오이, 잘게 자른 쪽파, 다진 민트 잎, 다
　　 진 파슬리를 넣고 소금과 후추, 쉐리 식초, 올리브유를 넣고 잘 섞어놓는다.

06｜ 20분쯤 지난 뒤에 ⑤의 재료들과 살얼음이 뜬 토마토 주스 반 정도를 믹서에 넣고 잘
　　 갈아주고, 다시 나머지 토마토주스 반과 잘게 자른 식빵을 넣어 잘 갈아준다.

07｜ 1시간 정도 냉장고에 보관을 한 뒤에 꺼내서 탄산수를 넣고 잘 섞는다.

08｜ 수프를 그릇에 담고 가니쉬로 준비한 민트 잎이나 고수 잎을 올리고, 올리브유를 약간
　　 두른 뒤에 후추를 뿌리고 취향에 따라 잘게 자른 오이와 토마토, 페타 치즈 등을 올려
　　 서 낸다.

FRESH TOMATO SPAGHETTI

생토마토 스파게티

좋은 재료로 만든 쉬운 음식이야 말로 사람의 마음을 쉽게 사로잡는 최고의 비법이라고 돌아가신 내 스승 셰프가 그랬다. 하긴 그분은 결혼만 4번을 한 아르헨티나 사람이었다…!

―――――――――― **2인분·30분** ――――――――――

재료　토마토 4개, 스파게티 225g, 양파 1/4개, 마늘 1알, 올리브유 약간
　　　파르메산 치즈 2큰술, 바질(생) 10장, 설탕 1큰술, 소금 약간, 후추 약간

―――――――――― **만드는 법** ――――――――――

01| 양파를 아주 곱게 다지고 마늘은 편으로 썰어둔다.

02| 토마토 2개는 씨를 빼고 가로세로 1cm 크기로 잘라두고 나머지 2개는 씨를 빼지 않고 같은 크기로 잘라둔다.

03| 팬에 올리브유를 약간 두르고 센 불로 양파가 부드러워질 때까지 2분 정도 볶다가 편으로 썰어둔 마늘을 넣고 다시 2분을 더 익힌다.

04| 냄비에 물을 담고 소금을 넣은 뒤 스파게티를 삶는다.

05| 팬에 토마토와 설탕, 소금, 후추를 넣고 중간 불로 줄인 다음 잘 섞어 5분 정도 익혀둔다.

06| 스파게티를 건져서 물을 뺀 뒤 토마토 팬에 바로 섞고 파르메산 치즈, 자른 바질을 넣어 잘 섞은 뒤에 소금과 후추로 간을 한다.

07| 팬에 뚜껑을 닫고 2분 정도 스파게티 면이 소스와 오일을 빨아들이고 향이 배도록 한 뒤 접시에 담는다.

PICO DEL GALLO

멕시칸 살사

멕시코 요리를 먹을 때 이보다 더 멕시코다운 소스는 없다. 사실 이 소스를 뿌리는 순간 어떤 음식이든지 멕시코 요리의 풍미를 입는다. 그래서 이 소스는 흔히 '멕시칸 살사'라고 부른다.

2컵 · 50분

재료 토마토 450g, 적양파 1/4개, 양파 1/4개, 마늘 1알, 고수 잎 1/4컵, 쪽파 1대
청양고추 1개, 라임 1개, 소금 약간, 후추 약간

만드는 법

01| 토마토는 씨를 빼고 가로세로 1cm 크기로 자르고 양파는 모두 잘게 다진다.

02| 마늘, 고수, 쪽파, 청양고추도 잘게 다져둔다.

03| 볼에 모든 재료를 넣고 후추를 뿌린 뒤에 라임즙을 짜 넣는다.

04| 30분 이상을 냉장 숙성한 뒤에 소금을 넣어야 소스에서 물이 많이 안 나오고 골고루 맛이 든다.

MARRAKESH PIZZA

마라케시 피자

모로코에 가본 적은 없지만 모로코에 가고 싶게 만드는 음식을 꼽으라면 단연 오븐 없이 굽는 마라케시 피자이다. 내가 멕시코에 가게 된 계기도 타코에서 시작되었다. 나에게 음식은 여행의 시작이기도 하다.

4인분 · 2시간

도우 재료　　설탕 1작은술, 따뜻한 물(24~25도) 150ml, 드라이 이스트 2작은술
　　　　　　　강력분 450g, 소금 2작은술, 버터 약간

피자 속 재료　토마토 2개, 양파 1개, 파슬리(생) 2큰술, 고수(Option) 1큰술
　　　　　　　파프리카 2작은술, 큐민 가루 1작은술, 쇼트닝 혹은 마가린 50g
　　　　　　　체더 치즈(분쇄) 60g, 소금 약간, 후추 약간

만드는 법

01｜ 설탕과 물을 잘 섞고 드라이 이스트를 넣어 잠시 저은 뒤에 뚜껑이나 랩을 씌워 이스트의 거품이 2배로 부풀어 오를 때까지 10분 정도 따뜻한 곳에 놔둔다.

02｜ 큰 볼에 강력분과 소금, ①의 물을 넣어 반죽하며 부드러운 반죽을 만든다. 이때 밀가루가 너무 많으면 물을 조금 더 넣어준다.

03｜ 반죽이 완성되면 둥글게 만들어 15분 정도 상온에서 숙성하고 잘 늘어나고 단단해지는지 본다.

04｜ 토마토는 껍질을 벗기고 씨를 발라서 가로세로 0.5cm 크기로 자르고 양파도 같은 크기로 자른 뒤에 나머지 모든 재료를 넣고 잘 섞어 피자 내용물을 만들어준다.

05｜ 반죽을 4덩이 정도로 나누고 각각 둥글게 만든 뒤에 넓게 편다. 만들어놓은 피자 내용물을 골고루 올린 뒤에 반죽을 접어서 네모난 모양으로 만든다.

06｜ 피자를 기름종이나 기름을 바른 넓은 접시에 얹고 1시간 정도 상온에서 2차 숙성을 시켜 부풀어 오르게 만든다.

07｜ 피자를 포크로 6~7번 찔러서 바람 구멍을 만들어준 뒤에 버터를 녹여서 발라준다.

08｜ 팬을 약한 불에 얹고 한 면당 10분 정도 구운 뒤 식혀서 다시 그릴이나 팬의 강한 불에서 타지 않도록 잘 익혀준다.

SUPER SIMPLE AVOCADO & TOMATO SALAD

초간단 아보카도 토마토 샐러드

아보카도와 토마토를 합치면 그 맛은 틀림없다. 실패 없는 최상의 조합이기에 이탈리아에서도, 스페인에서도, 남아메리카에서도, 일본에서도 이 조합은 빠지지 않는 것이다.

4인분 · 15분

재료 토마토 2개, 아보카도 1개, 적양파 1/4개, 발사믹 식초 1큰술, 레몬 1/2개
        흑후추 약간, 올리브유 1큰술, 소금 약간

만드는 법

01 | 토마토는 완숙으로 준비해서 가로세로 3cm 정도로 썰어둔다.

02 | 아보카도는 씨를 빼고 토마토보다 약간 작은 크기로 잘라둔다.

03 | 적양파는 엄지손톱만 한 크기로 잘라 얼음물에 2분 정도 담가 매운맛을 빼고 건져서 물기를 잘 털어낸다.

04 | 앞의 모든 재료를 볼에 넣고 잘 섞은 뒤에 발사믹 식초, 1/2개 분량의 레몬즙, 흑후추를 뿌린 뒤에 살살 잘 섞는다.

05 | 마지막으로 올리브유와 소금으로 간을 하고 5분 정도 냉장 숙성한 뒤에 먹는다.

TIP

- 익지 않은 아보카도를 샀을 때는 종이봉투에 넣어 잘 밀봉한 뒤에 하루 정도 상온에서 보관하면 잘 익는다.
- 익지 않은 아보카도를 바로 사용해야 할 때는 전자레인지에 넣고 40초 정도를 익히면 속살이 어느 정도 익는다.

TOMATO & BARLEY SOUP

토마토 보리 수프

캐나다에서 요리사 생활을 할 때 거의 매일 점심식사를 위해 질리지 않는 '감자 대파 수프'를 만들었는데, 그때 쌍벽을 이루었던 토마토 수프. 오래전 경양식당의 토마토 수프를 생각나게 하는 맛의 질리지 않는 '데일리' 수프!

─────── **6인분 · 1시간 20분** ───────

재료　누른 보리 1/2컵, 양파 2개, 당근 1개, 셀러리 2대, 마늘 2알, 올리브유 2큰술
　　　홀토마토 400g, 닭 육수(2권 『닭과 달걀』 54쪽 참조) 2컵, 물 2컵 + 약간
　　　월계수 잎 2장, 타임(건) 1작은술, 후추 1/2작은술, 소금 약간, 설탕 약간

─────── **만드는 법** ───────

01ㅣ 보리는 미지근한 물에 30분 정도 불린다.

02ㅣ 양파, 당근, 셀러리를 가로세로 1cm 정도로 자르고, 마늘은 다진다.

03ㅣ 홀토마토는 믹서에 넣고 아주 곱게 갈아 준비한다.

04ㅣ 팬에 올리브유를 두르고 양파, 당근, 셀러리, 다진 마늘을 10분 정도 볶는다.

05ㅣ 채소를 볶은 팬에 닭 육수, 물 2컵, 월계수 잎, 타임, 갈아놓은 홀토마토를 넣고 한소끔
　　 끓어오르면 그때 보리를 물에서 건져서 넣는다.

06ㅣ 30분 정도 중간 불에 끓이면서 물이 너무 졸아들면 물을 조금씩 추가하며 보리가 완전
　　 히 익도록 해준다.

07ㅣ 소금, 후추로 간을 한다. 신맛이 강하면 설탕을 약간 넣는다.

OKRA WITH TOMATO CURRY

오크라를 곁들인 토마토 커리

스태프 식사를 만들 때 항상 고기를 쓰지는 못하기에 온갖 채소를 넣은 요리를 하곤 했다.
그중에 가끔이라도 쌀밥을 지을 기회가 생기면 잊지 않고 만들어 먹었던 채소 커리. 비록
한국의 '카레'와는 달랐지만 어느 정도 한국의 맛을 즐기던 기억이 난다.

4인분 · 50분

재료　오크라(냉동) 400g, 홀토마토 4컵, 식용유 1/4컵, 양파 2개, 다진 마늘 1큰술
　　　　가지 1개, 커리 파우더(양식용) 1큰술, 코리엔더 가루 1작은술
　　　　칠리 페퍼(분말) 2큰술, 고수 2줄기, 생강 1/2작은술
　　　　닭 육수(2권『닭과 달걀』54쪽 참조) 3/4컵, 소금 약간, 흑후추 약간

만드는 법

01｜냉동 오크라는 잘 녹인 뒤에 물기를 빼고 먹기 좋게 잘라둔다.

02｜홀토마토 과육은 손으로 아주 곱게 뭉그러뜨린 뒤에 즙과 함께 팬에 넣고 한소끔 끓
인다.

03｜끓인 홀토마토가 2컵 정도 분량이 될 만큼 수분이 날아가면 다른 그릇에 옮겨 담고, 팬
은 중간 불에 맞춘 뒤에 식용유를 약간 두르고 다진 양파와 마늘을 5분 정도 노릇하게
볶아준다.

04｜가지를 원하는 모양으로 잘라서 양파와 마늘을 볶던 팬에 넣고 2분 정도 더 볶는다.

05｜팬에 커리 파우더와 코리엔더 가루를 뿌리고 잘 섞은 뒤에 끓여놓은 홀토마토를 넣어
5분 정도 잘 저으면서 더 끓이고, 마지막으로 칠리 페퍼 가루, 잘게 자른 고수, 다진 생
강을 넣은 뒤 닭 육수와 잘라놓은 오크라를 넣고 15분 정도 졸이듯이 끓여 소금과 흑후
추로 간을 한다.

맛있는 채소　03 _ TASTY VEGETABLES

16RECIPES

Vegetable Stock
Corn Meal Onion Ring Batter
Butter Milk Better Onion Rings
Basil Pesto(Genovese)
Hummus
Falafel
Shakshuka with Ragu
Fried Eggplant
Eggplant Thai Stir Fry
Eggplant Ragout
Deep-Fried Apple Rings
Cucumber & Red Onion Salad
Pickled Shiitake
Pickled Dill Carrots
Pickled Grapes
Super Quick Pickles

VEGETABLE STOCK

채소 육수

냉장고에 있는 채소들을 활용해 끓여놓고 식혀 냉동실에 얼려두고 물 대신 써보자. 요리할 때 왜 조미료를 넣지?

────────────── **15L · 2시간** ──────────────

재료 대파 2대, 당근 2개, 양파 3개, 셀러리 2대, 표고버섯 줄기 10개, 파슬리 줄기 5대
로즈마리(건) 1큰술, 타임(건) 1큰술, 파슬리(건) 1큰술, 월계수 잎 4장
통후추 20알

────────────── **만드는 법** ──────────────

01ㅣ 대파는 가스불에 통으로 10분 정도 태워준다.

02ㅣ 모든 채소를 정사각형으로 깍둑 썬 다음 표고버섯 줄기와 함께 육수 냄비에 넣고 처음 20분은 센 불에서 끓이고, 나머지 허브들을 넣고 1시간은 중간 불에 끓인 뒤 다시 30분을 센 불에서 끓인다.

03ㅣ 체에 거르고 충분히 식힌 뒤에 사용한다.

────────────── **TIP** ──────────────

• 대파는 겉면을 태우고 식혀서 사용해야 풍미를 돋우는 불향이 강하게 난다.

CORN MEAL ONION RING BATTER

콘밀 양파튀김

콘밀(옥수수 가루)만 구하자. 한국의 마트나 인터넷으로 쉽게 구할 수 있다. 한 봉지 사다 놓으면 양파튀김을 사 먹으러 패스트푸드 가게까지 갈 이유가 없다.

4인분 · 20분

재료 양파(큰 것) 2개, 콘밀(옥수수 가루) 3큰술, 밀가루(중력분) 1 1/2컵
     양파 가루 3큰술, 달걀 1개, 물 1/2컵, 우유 1 1/2컵, 소금 2작은술

곁들이기 몰트 식초 약간

만드는 법

01│ 양파를 링 모양으로 굵게 썰고 밀가루를 한 번 묻혀놓는다.

02│ 모든 재료를 볼에 넣되, 마른 재료, 젖은 재료 순으로 넣고 잘 섞은 다음 10분 정도 상온에서 숙성한다.

03│ 양파의 밀가루를 털어내고 숙성한 반죽에 넣고 완전히 옷을 입혀 튀긴다.

04│ 기호에 따라서 몰트 식초를 뿌려 먹는다.

BUTTER MILK BETTER ONION RINGS

버터 밀크 양파튀김

북아메리카에서는 동네 마트에만 가면 구할 수 있는 흔한 재료인데 한국에는 없는 게 참 많다. 그중에 하나가 버터 밀크이다. 하지만 없다고 안 할 수 있나, 너무나 간단하므로 만들면 된다. 이제 당신도 북아메리카의 흔한 버터 밀크와 가장 흡사한 것을 만들 수 있는 사람이 되었다.

4인분 · 1시간 10분

재료　　양파 3개, 버터 밀크* 2컵, 강력분 4컵, 소금 약간, 후추 약간, 케이얀 페퍼 약간

***버터 밀크**　　우유 2컵, 레몬즙 2큰술

만드는 법

01｜ 우유 1컵당 레몬즙 1큰술을 넣고 1시간 정도 기다려 버터 밀크를 만든다.

02｜ 강력분과 버터 밀크, 소금 약간을 잘 섞어 반죽을 만든다.

03｜ 양파를 링 모양으로 두껍게 자른 뒤에 밀가루를 골고루 묻혀준다.

04｜ 반죽을 묻혀서 튀긴다.

05｜ 양파튀김에 소금, 후추, 케이얀 페퍼를 뿌린다.

BASIL PESTO(GENOVESE)

바질 페스토

한번은 3일 연속으로 늦은 밤 집에서 손님을 치를 일이 있었다. 그때 정말 큰 도움이 되었던
만능 소스, 바질 페스토. 파스타, 생선, 샐러드까지 활용 만점 바질 페스토!

6인분 · 20분

재료 바질(생) 200g, 잣 1/2컵, 해바라기 씨 1/2컵, 엑스트라 버진 올리브유 1컵
파르메산 치즈(분쇄) 1/2컵, 마늘 2알, 소금 약간, 후추 약간

만드는 법

01| 잣과 해바라기 씨를 중간 불에 올려서 3분 정도 볶는다.

02| 핸드 블렌더나 믹서에 올리브유와 소금을 제외한 모든 재료를 넣고 곱게 갈면서 올리
브유를 천천히 넣어 섞고 소금을 넣어 간을 맞춘다.

TIP

• 바로 먹을 분량은 상온에 보관하고, 냉장 보관을 하면 3일 이상 사용이 가능하다. 단, 냉장고에 넣으면
올리브유가 굳으므로 상온에서 녹인 뒤에 사용한다.

HUMMUS

중동의 맛, 후무스

후무스를 먹는다는 건 당신이 중동의 어느 나라, 어느 집에 초대되어 가도 식사 전 에피타
이저만큼은 입맛에 맞게 즐길 수 있다는 이야기

4인분 · 15분

재료 칙피(병아리콩, 캔) 2컵, 마늘 3알, 레몬 1개, 후추 약간, 물 4큰술, 소금 약간
체더 치즈 약간, 파프리카 가루 약간

곁들이기 블랙 올리브 약간, 토르티야 혹은 피타 브레드(중동 빵)

만드는 법

01│ 칙피를 캔에서 꺼내서 물로 한 번 씻은 뒤에 물기를 완전히 빼둔다.

02│ 마늘은 반으로 갈라서 심을 빼고 레몬은 즙을 짠다.

03│ 믹서나 푸드 프로세서에 칙피와 마늘, 레몬즙, 후추를 넣고 물을 천천히 넣어가면서
완전히 으깨지도록 부드럽게 갈아준 뒤에 소금으로 간을 한다.

04│ 그릇에 담고 체더 치즈와 파프리카 가루를 뿌리고 기호에 따라 블랙 올리브를 넣는다.

05│ 토르티야나 피타 브레드를 함께 낸다.

TIP

• 좀 더 색다르게 만들려면 마늘을 구워서 넣거나 건포도를 함께 갈아넣는다.

FALAFEL

할랄의 맛, 파라펠

파라펠을 요리하면 캐나다에 이민 갔던 초기에 바로 옆집에 살던 친절한 레바논 부부가 생각난다. 확실히 음식은 추억을 부른다.

4인분 · 30분

재료 칙피(캔) 200g, 쪽파 2개, 마늘 1개, 고수 약간, 민트 약간
밀가루(중력분) 3큰술, 마른 빵가루 1/4컵, 베이킹 파우더 1/2작은술
큐민 가루 약간, 타바스코 소스 약간, 소금 약간, 후추 약간, 튀김용 기름 약간

만드는 법

01| 쪽파, 마늘, 고수, 민트를 푸드 프로세서에 넣고 곱게 간다.

02| 밀가루, 마른 빵가루, 베이킹 파우더, 소금, 후추, 큐민 가루, 타바스코 소스, 물기를
빼고 한 번 씻은 칙피를 푸드 프로세서에 함께 넣고 아주 곱게 간다.

03| 패티 모양으로 만들거나 미트볼 모양으로 만들거나 원하는 모양으로 만들어서 기름을
두른 팬에 굽거나 튀겨 먹는다.

SHAKSHUKA WITH RAGU

샥슈카 라구

어디에나 유대인들이 있는 사회에서 살았기에 샥슈카는 아주 흔한 음식이었지만, 뭔가 새
로운 메뉴를 시도해보고 싶어서 라구를 곁들여 만들어보았고, 반응이 좋아서 식당의 브런
치 메뉴로 안착했던 음식

4인분 · 20분

재료 라구 소스(1권 『고기와 버터』 22쪽 참조) 400g, 칙피(캔) 100g, 잣 3큰술
시금치 1/2단, 달걀 8개, 페타 치즈 4큰술, 올리브유 약간

만드는 법

01ㅣ 식탁에 바로 올릴 수 있는 20cm 정도 크기의 팬에 올리브유를 살짝 두르고 잣을 5분
정도 볶아 식힌다.

02ㅣ 같은 팬에 시금치를 볶아서 다른 그릇에 담아둔다.

03ㅣ 팬에 라구 소스를 넣고 중간 불에 5분 정도 데운 뒤 칙피를 넣고 한소끔 끓인다.

04ㅣ 소스에 달걀을 넣을 구멍들을 살짝 내어 달걀들의 자리를 잡은 뒤에 중간 불에서 8분
정도 익힌다.

05ㅣ 볶은 시금치와 잣을 뿌리고 페타 치즈를 잘게 부수어 올린 뒤에 뚜껑을 덮고 2~3분 정
도 더 익힌 뒤 올리브유를 살짝 뿌린다.

FRIED EGGPLANT

가지튀김

한국 가지보다 더 굵고 큰 가지로 요리하면 더 좋겠지만, 구하기가 힘들다. 하지만 한국 가지의 가장 큰 장점은 수분이 많고 부드러워 식감 좋은 튀김을 맛볼 수 있다는 점이다.

— **4인분 · 20분** —

재료　가지 3개, 달걀 2개, 빵가루 2컵, 파르메산 치즈 가루 1/4컵, 파슬리(건) 3큰술
　　　　마늘 가루 1큰술, 소금 약간, 후추 약간, 튀김용 식용유 적당량

— **만드는 법** —

01｜ 가지를 0.5cm 굵기로 길게 자른다.

02｜ 빵가루는 아주 곱게 다시 한 번 갈아준 뒤에 달걀과 가지를 제외한 모든 재료를 잘 섞는다.

03｜ 달걀은 풀어서 달걀물을 만든 뒤에 가지를 담가 5분 정도 둔다.

04｜ 가지를 꺼내서 만들어놓은 튀김 옷을 묻혀서 다시 5분 정도 튀김 옷이 잘 묻도록 둔다.

05｜ 팬에 가지가 잠길 만큼만 식용유를 넣은 뒤에 가지를 굽듯이 튀겨준다.

EGGPLANT THAI STIR FRY

태국식 가지 볶음

튀긴 가지를 제외하고는 가지는 입에도 안 대던 예전 동료도 이 요리를 해주면 바로 밥이나
파스타 위에 얹어 맛있게 먹곤 했다.

──────────── **4인분 · 30분** ────────────

재료 가지 600g, 옥수수 전분 1작은술, 물 1큰술, 참기름 1작은술, 올리브유 4큰술
칠리 플레이크 약간, 마늘 2알, 생강 약간, 대파 1/2대

양념장 미소 된장 2큰술, 간장 1큰술, 정종 2큰술, 사과 식초 2큰술, 황설탕 2큰술
페퍼 플레이크 1작은술, 흑후추 약간

──────────── **만드는 법** ────────────

01 | 양념장 재료들은 모두 볼에 담고 잘 섞어준다.

02 | 가지는 껍질을 까지 않고 원하는 모양으로 자른다.

03 | 옥수수 전분은 물, 참기름과 잘 섞어둔다.

04 | 팬에 올리브유를 두르고 아주 센 불에 칠리 플레이크를 넣고 30초 정도 볶으면서 고추
기름을 만든 뒤에 다진 마늘과 다진 생강, 잘게 자른 파를 넣고 20초 정도 빠르게 볶는
다. 이때 잘라둔 가지를 넣고 고추기름을 끼얹으며 2분 정도 빠르게 익힌다.

05 | 중간 불로 낮춘 뒤 5분 정도 가지가 흐물거리도록 익힌다.

06 | 다시 센 불로 올리고 만들어둔 양념장을 모두 붓고 30초 정도 볶은 뒤에 ③의 물전분
을 뿌려 농도를 잡는다.

EGGPLANT RAGOUT

가지 스튜

혼자 살던 시절 냉장고 속을 정리하며 남은 채소를 모두 털어야 하는 날이면, 가장 먼저 라타투이를 떠올리게 되지만 항상 시간과 채소가 부족했다. 그때마다 최고의 대안이 되어주던 요리. 라타투이보다 쉽지만 라타투이 못지 않게 맛있는 채소 스튜

4인분 · 1시간

재료 가지 4개, 굵은 소금 2큰술, 홀토마토 400g, 올리브유 2큰술, 양파 1개
마늘 2알, 케이퍼 2큰술, 칙피(병아리콩) 400g, 파슬리(생) 1/2단, 설탕 1작은술
흑후추 약간, 소금 약간

곁들이기 파르메산 치즈 약간

만드는 법

01 | 홀토마토를 과육만 건져서 1/4 크기로 잘라둔다.

02 | 가지를 반으로 잘라 씨를 빼낸 뒤 3cm 정도 길이로 적당히 잘라두고, 굵은 소금을 뿌려서 약 20분 숨을 죽인 뒤에 나온 물은 버린다.

03 | 팬에 올리브유를 두르고 가지와 같은 크기로 자른 양파, 다진 마늘, 다진 케이퍼를 넣고 중간 불로 1분 정도 볶는다.

04 | 자른 홀토마토와 칙피, 숨을 죽인 가지를 넣고 중간 불에 15분 정도 더 익히다가 곱게 다진 파슬리, 설탕, 흑후추를 넣고 소금으로 간을 한 뒤 2~3분 한소끔 끓인다.

05 | 기호에 따라 파르메산 치즈를 뿌린다.

DEEP-FRIED APPLE RINGS

사과튀김

명절이 지나고 사과가 쌀 때 주스 말고, 잼 말고, 별미 디저트를 만들어보자.

───────────── **4인분 · 1시간 15분** ─────────────

재료 사과 2개, 밀가루(강력분) 1컵, 옥수수 전분 2큰술, 베이킹파우더 1/2작은술
아이싱 슈거(슈거파우더)더 1/2+1큰술, 소금 1/2작은술, 우유 1컵, 달걀 1개
계피 가루 1/2컵, 튀김용 기름 약간

곁들이기 바닐라 아이스크림 약간

───────────── **만드는 법** ─────────────

01│ 밀가루와 옥수수 전분, 베이킹파우더, 아이싱 슈거 1큰술, 소금을 볼에 잘 섞는다.

02│ ①에 우유와 달걀을 넣어 잘 섞은 뒤 튀김 옷을 만들어 냉장고에서 1시간 정도 숙성한다.

03│ 아이싱 슈거 1/2컵과 계피 가루 1/2컵을 잘 섞은 뒤에 따로 보관한다.

04│ 사과의 껍질을 벗기고 가운데 씨를 빼낸 다음 도넛 모양으로 자른다.

05│ 팬에 기름을 넉넉히 넣고 자른 사과에 튀김 옷을 골고루 입힌 뒤 3~4분 튀겨 기름을
빼둔다.

06│ 사과튀김을 ③의 가루에 굴린다.

07│ 아이스크림이 있으면 함께 곁들여 먹는다.

CUCUMBER & RED ONION SALAD

오이 적양파 샐러드

이 요리 역시, 에콰도르 장관 식사에서 장관이 에콰도르 현지 음식보다 낫다고 했다… 진짜
다……

4인분 · 15분

재료　오이 2개, 적양파 1개, 다진 고수 2큰술, 라임 2개, 올리브유 2큰술, 소금 약간

만드는 법

01| 적양파는 껍질을 벗기고 채칼로 아주 얇게 썰어 소금 약 1/2큰술을 넣은 찬물에 5분 정
도 담갔다 건져서 물기를 잘 털어낸다.

02| 오이는 껍질을 벗긴 뒤에 가로세로 0.5cm 크기로 잘라서 채 썬 적양파, 다진 고수, 라
임즙, 올리브유와 섞은 뒤에 소금으로 간을 한다.

TIP

• 피클이 아니므로 먹기 전에 바로 만든다.

PICKLED SHIITAKE

표고 피클

아마도 여러분이 아는 피클 중에 가장 독특한 피클이 아닐까. 아주 맛있다. 게다가 먹다가
질릴 때 빵가루를 묻혀 튀기면 맥주도둑!

4인분

재료 말린 표고버섯 200g, 끓는 물 2L, 설탕 200g, 간장(기코만) 275ml
애플사이다 식초 275ml, 생강 2cm 크기, 감초 1/2개, 팔각 1/2개

만드는 법

01｜ 말린 표고버섯을 끓는 물에 충분히 담가서 5시간 정도 불린 뒤 줄기를 떼어낸다. 버섯
크기가 크면 가로로 이등분한다.

02｜ 냄비에 물과 표고버섯을 제외한 모든 재료를 넣고 살짝 끓인 뒤에 표고버섯의 물기를
살살 짜내 함께 넣고, 30분 정도 약한 불에서 졸이다가 다시 센 불에 한소끔 끓인다.

03｜ 생강, 감초, 팔각을 건져낸 뒤 병에 담아 3일 정도 재워 사용한다.

PICKLED DILL CARROTS

당근 피클

아이에게 당근을 먹이고 싶지만 안 먹으려고 할 때 햄버거나 미트볼 속에 넣어서 손쉽게 속일 수 있다는……

4인분

재료   당근 7개, 딜(생) 4줄기, 화이트와인 식초 3/4컵, 설탕 1/3컵, 물 3/4컵

       소금 2 1/2큰술, 딜 씨(건) 1작은술, 캐러웨이 씨 1/2작은술, 후추 1/4작은술

만드는 법

---

01 ｜ 당근은 껍질을 까서 가로세로 약 0.6cm 크기로 자른다.

02 ｜ 자른 당근을 끓는 물에 1분 정도 데친 뒤 찬물에 씻어서 식혀둔다.

03 ｜ 피클을 담을 유리병이나 통에 당근과 딜을 넣는다.

04 ｜ 화이트와인 식초, 설탕, 물, 소금, 딜 씨, 캐러웨이 씨, 후추를 넣고 끓여서 피클물을 만든다.

05 ｜ 뜨거운 상태의 피클물을 ③에 넣고 완전히 식혀서 뚜껑을 덮고 냉장고에서 24시간 동안 재운다.

TIP

• 햄버거나 미트볼에 넣거나 고기에 얹어 먹는다.

PICKLED GRAPES

포도 피클

냉장고 속 남는 청포도와 적포도를 피클로 만들어 디저트나 샐러드에 얹으면 소스가 따로
필요 없다는 걸 가르쳐준 내 동료에게 감사를… 별미 중에 별미다.

청포도 피클

———————————— **4인분** ————————————

재료　청포도(씨 없는 것) 550g, 설탕 300g, 화이트와인 식초 250ml
리슬링 와인((Riesling, 화이트와인 품종의 하나) 350ml, 월계수 잎 1장
흰 통후추 10알

———————————— **만드는 법** ————————————

01│ 청포도는 큰 줄기는 잘라내고 4~5개씩 붙어 있도록 분리해 잘 씻어서 물기를 완전히
제거한다.

02│ 포도를 제외한 모든 재료를 냄비에 넣고 설탕이 완전히 녹을 때까지 4분 정도 끓인 뒤
에 완전히 식힌다.

03│ 포도를 밀폐용기에 넣고 완전히 식힌 ②를 부은 뒤 보관한다(1년까지 가능하다).

적포도 피클

———————————— **4인분** ————————————

재료　적포도(씨 없는 것) 550g, 설탕 500g, 화이트와인 식초 500ml, 통후추 10알
주니퍼 베리(살짝 으깸) 10알, 페퍼론치노 혹은 말린 태국 고추 2개
시나몬 스틱 1/2개

———————————— **만드는 법** ————————————

위의 과정과 같다.

———————————— **TIP** ————————————

• 적포도/청포도 피클도 표고 피클처럼 빵가루에 묻혀 튀겨 먹으면 별미!

SUPER QUICK PICKLES

초간단 오이 피클

일본인 친구에게 오이로 즉석 초무침(스노모노) 만드는 법을 배웠다. 그리고 얇은 피클 만드는 법으로 응용했다.

___________________ **4인분** ___________________

재료　　오이 6개, 양파 1개, 초록 피망 1개, 식초(어떤 식초든 가능) 1컵, 설탕 2컵
　　　　　소금 1큰술, 셀러리 씨 1큰술

___________________ **만드는 법** ___________________

01| 작은 냄비에 식초, 설탕, 소금, 셀러리 씨를 넣고 중간 불에서 설탕이 녹도록 10분 정도 젓지 않고 끓여서 피클물을 만든다.

02| 오이를 깨끗이 씻어 가로로 약 0.5mm 두께로 썰고 양파와 피망도 얇게 채 썬다.

03| 뜨거운 상태의 피클물을 용기에 담은 오이, 양파, 피망에 부운 뒤에 냉장고에 보관한다.

04| 피클은 차가운 상태에서 먹어야 아삭하고 맛있으므로 적어도 2시간 정도 냉장 보관한 뒤에 먹으면 된다.

___________________ **TIP** ___________________

• 냉장 보관 시 4주 정도 두고 먹을 수 있다.
• 피클을 만들 때 설탕물을 저으면 (설탕이 많을 때) 식으면서 결정이 만들어질 수 있으므로 젓지 않는 것이 좋다.

샐러드 드레싱

04_SALAD DRESSINGS

6RECIPES

Italian Zest Dressing
Spinach Dressing
French Dressing
Lime Dressing
Greek Dressing
Greek Salad

ITALIAN ZEST DRESSING

이탈리안 제스트 드레싱

사실 이탈리아보다 북아메리카에서 더 많이 사용하는 드레싱이다. 마치 이탈리아에는 없고
미국에는 있는 '시저 샐러드'와 같다.

─────────────── **약 1*l* • 10분** ───────────────

재료　　양파 1/2개, 파프리카(적, 녹) 각 1/2개, 마늘 3알, 타임(건) 1큰술
　　　　　오레가노(건) 2큰술, 파슬리(건) 2큰술, 레몬 2개, 설탕 4큰술
　　　　　현미식초 혹은 백식초 4큰술, 퓨어 올리브유 3컵, 소금 약간, 후추 약간

─────────────── **만드는 법** ───────────────

01｜ 양파와 파프리카, 마늘은 아주 곱게 다진 뒤 잘 섞는다.

02｜ 분량의 허브들과 레몬즙, 설탕, 식초를 넣고 올리브유를 천천히 부으면서 저어준다.

03｜ 소금과 후추로 간을 한다.

─────────────── **TIP** ───────────────

• 약 20일 냉장 보관 가능
• 모든 허브는 마른 것이 아닌 생허브를 사용하면 분량을 1/2작은술씩 더 늘린다. 그래야 마른 허브와
　같은 정도의 향을 낸다.

SPINACH DRESSING

시금치 드레싱

발사믹 식초와 꿀을 넣어 만드는 이 드레싱의 이름이 왜 '시금치 드레싱'인고 하면, 어린잎
의 시금치와 함께 먹을 때 가장 맛있어서.

―――――――――――――――――――― 약 1*l* • 10분 ――――――――――――――――――――

재료　　꿀 100ml, 디종 머스터드 100ml, 발사믹 식초 150ml, 퓨어 올리브유 200ml
　　　　카놀라유 300ml, 설탕 2큰술, 소금 약간

―――――――――――――――――――― 만드는 법 ――――――――――――――――――――

01｜꿀과 디종 머스터드를 잘 섞는다.

02｜①에 발사믹 식초를 넣고 잘 섞은 뒤에 두 가지 오일 중 무엇이나 순서에 상관없이 하
　　　나씩 천천히 넣으며 잘 섞는다.

03｜설탕과 소금을 넣는다.

―――――――――――――――――――― TIP ――――――――――――――――――――

• 한 달 이상 냉장 보관이 가능하지만 꺼내서 상온에서 오일을 녹인 뒤에 사용해야 한다.

FRENCH DRESSING

프렌치 드레싱

당근을 먹지 않는 아이들에게 주면 당근을 잘 찍어 먹는다고 해서 '토끼의 드레싱(Rabbit's Dressing)'이라고도 부른다.

약 1*l* · 10분

재료 화이트와인 식초 1 1/2컵, 설탕 1/2컵, 토마토 페이스트 1/2컵
타라곤(건) 2큰술, 엑스트라 버진 올리브유 2 1/2컵, 소금 약간, 백후추 약간

만드는 법

01│ 볼에 화이트와인 식초, 설탕, 토마토 페이스트를 넣고 잘 섞어서 드레싱 베이스를 만든다.

02│ 드레싱 베이스에 마른 타라곤 잎을 넣고 올리브유를 아주 천천히 부으며 잘 섞는다.

03│ 소금과 백후추로 간을 한다.

LIME DRESSING

라임 드레싱

북아프리카에서 왔던 무슬림 동료가 금식을 하는 라마단 기간을 제외하고는 오후 기도를
마치면 항상 바로 만들어 먹던 샐러드 드레싱

4인분 · 10분

재료   라임 1개, 요구르트 혹은 사워크림 1컵, 꿀 1큰술, 설탕 1큰술, 소금 1/2작은술
         페퍼론치노 2개

곁들이기   캐슈넛 3큰술, 다진 고수 1큰술

만드는 법

01| 라임은 깨끗이 씻어서 껍질은 얇게 벗겨 제스트하고, 즙은 모두 짜낸다.

02| 요구르트나 사워크림에 꿀, 설탕, 소금, 다진 페퍼론치노를 잘 섞은 뒤 라임 제스트와
    라임즙을 넣고 잘 섞는다.

03| 기호에 따라서 잘게 다진 캐슈넛과 다진 고수를 넣는다.

TIP

• 초간단 레시피이고, 미리 만들어놓으면 라임즙과 요구르트가 섞여 물이 나오므로 먹기 전에 바로 만
  든다.

GREEK DRESSING

그릭 드레싱

눈꽃처럼 뿌려놓은 페타 치즈 위에 뿌려 먹으면 그릭 샐러드는 고기보다 맛있다. 장담한다.

─────────────── **4인분 · 5분** ───────────────

재료　레몬 2개, 마늘 2알, 오레가노(건) 3작은술, 바질(건) 1작은술
　　　　레드와인 식초 2큰술, 설탕 1작은술, 올리브유 1컵, 소금 약간, 후추 약간

─────────────── **만드는 법** ───────────────

01｜ 레몬은 잘 씻어서 껍질은 얇게 벗겨 제스트하고, 즙은 모두 짜낸다.

02｜ 볼에 레몬 제스트, 레몬즙, 다진 마늘, 허브들, 레드와인 식초, 설탕을 넣고 잘 섞은 뒤
　　　에 올리브유를 아주 천천히 부으며 잘 저어준다.

03｜ 소금과 후추로 간을 한다.

GREEK SALAD

그릭 샐러드

4인분 · 15분

재료 그릭 드레싱 적당량, 로메인 상추 1/2개, 양상추 1통, 오이 2개, 토마토 2개
피망 1개, 적양파 1개, 블랙 올리브(씨 없는 것) 1/4컵, 페타 치즈 1/2컵

만드는 법

01 │ 로메인, 양상추, 오이, 토마토, 피망은 듬성듬성 자르고, 적양파는 얇게 잘라서 찬물에
5분 정도 담가둔 뒤에 꺼내서 반으로 자른 블랙 올리브까지 모두 잘 섞는다.

02 │ 페타 치즈를 으깨서 뿌려주고 그릭 드레싱을 충분히 뿌린다.